FORSCHUNGSBERICHT DES LANDES NORDRHEIN-WESTFALEN

Nr. 3038 / Fachgruppe Umwelt/Verkehr

Herausgegeben vom Minister für Wissenschaft und Forschung

Dipl.-Phys. Hans-Hermann Horn
cand. phys. Axel Trapp
Dr. rer. nat. Manfred Roth
Prof. Dr. rer. nat. Bernhard Gonsior
Institut für Experimentalphysik
Arbeitsgruppe III
Ruhr-Universität Bochum

Röntgenfluoreszenzanalyse
mit Radionuklidquellen
zur Bestimmung von Spurenelementen
in Luft und Wasser

Springer Fachmedien Wiesbaden GmbH 1981

CIP-Kurztitelaufnahme der Deutschen Bibliothek

Röntgenfluoreszenzanalyse mit Radionuklidquellen zur Bestimmung von Spurenelementen in Luft und Wasser / Hans-Hermann Horn ... - Opladen : Westdeutscher Verlag, 1981.

(Forschungsberichte des Landes Nordrhein-Westfalen ; Nr. 3038 : Fachgruppe Umwelt, Verkehr)
ISBN 978-3-531-03038-8

NE: Horn, Hans-Hermann [Mitverf.]; Nordrhein-Westfalen: Forschungsberichte des Landes ...

© 1981 by Springer Fachmedien Wiesbaden
Ursprünglich erschienen bei Westdeutscher Verlag GmbH, Opladen 1981
Gesamtherstellung: Westdeutscher Verlag

ISBN 978-3-531-03038-8   ISBN 978-3-663-19662-4 (eBook)
DOI 10.1007/978-3-663-19662-4

Inhalt

1.	Einleitung	1
2.	Physikalische Grundlagen der Photoionisation	2
3.	Prinzip und Anordnung der Röntgenfluoreszenzanalyse mit einer Radionuklid-Quelle	5
3.1	Untergrundbeiträge	5
3.2	Radionuklid-Quelle	7
3.3	Experimenteller Aufbau	8
4.	Durchführung der routinemäßigen Elementanalyse	10
4.1	Spektren	10
4.2	Ausbeutefaktoren	11
4.3	Nachweisgrenzen	13
5.	Anwendung auf Luft- und Wasserproben	15
5.1	Staubproben	15
5.1.1	Probennahme	15
5.1.2	Vergleich der angewendeten Probennahmetechniken	17
5.1.3	Metallkonzentrationen in Luft	18
5.2	Wasserproben	19
5.2.1	Aufbereitung der Proben	19
5.2.2	Elementkonzentrationen in Gewässern	20
6.	Diskussion und Ausblick	22
	Literaturverzeichnis	24
	Bildanhang	26

1. Einleitung

Bei der Bestimmung von Spurenelementgehalten durch Röntgenfluoreszenz wurden zunächst zur Erzeugung der Primärstrahlung Röntgenröhren und zur Energiebestimmung der von der Probe emittierten Sekundärstrahlung wellenlängendispersive Kristallspektrometer verwendet. Die Entwicklung von energiedispersiven Halbleiterdetektoren während der sechziger Jahre begünstigte die Entwicklung neuer Methoden in der Röntgenfluoreszenzanalyse (RFA). Während die Kristallspektrometer nach wie vor eine bessere Energieauflösung ermöglichen, bietet der Einsatz von Halbleiterdetektoren andere Vorteile. Dazu gehört neben geringerem technischen Aufwand insbesondere die Möglichkeit der simultanen Aufnahme von Röntgenlinien verschiedener Elemente. Bei gleicher Intensität der anregenden Strahlung wird dadurch eine erhebliche Verkürzung der Analysenzeiten erreicht.

Auch hinsichtlich der Anregung der Röntgenfluoreszenzstrahlung sind in den letzten 15 Jahren neue Methoden untersucht und angewendet worden. Neben der Entwicklung der ioneninduzierten Röntgenfluoreszenzanalyse (PIXE - particle induced x-ray emission) wurde auch die apparative Verbesserung der photoneninduzierten Methode vorangetrieben[1-3]. Dabei wurden auch Radionuklid-Quellen zur Anregung der Röntgenfluoreszenzstrahlung eingesetzt. Ihr Vorteil gegenüber Röntgenröhren besteht in ihren geringen Kosten, ihrer einfachen Handhabung, ihrer geringen Größe und ihrer Unabhängigkeit von der bei Röntgenröhren aufwendigen Hochspannungsversorgung. Da sich jedoch mit Radionuklid-Quellen, die mit gebräuchlichen Strahlenschutzmaßnahmen noch zu handhaben sind, geringere Photonenraten als mit Röntgenröhren erzielen lassen, sind diese Vorteile gegen geringere Röntgenausbeuten abzuwägen.

Die photoneninduzierte Fluoreszenzanalyse mit einer Radionuklid-Quelle wird von uns ergänzend zu verschiedenen Analysentechniken mit Protonenanregung angewendet, die in früheren Forschungsberichten[4,5] beschrieben wurden. Während diese

PIXE-Methoden eine bessere Nachweisgrenze ermöglichen, wobei sich jedoch aufgrund möglicher Veränderungen des Targets durch den Protonenstrahl und durch den Energieverlust der Protonen im Target Fehler bei der Konzentrationsbestimmung ergeben können, läßt sich die Analyse mit einer Radionuklid-Quelle auf nahezu alle Proben problemlos anwenden. Außerdem begünstigt der geringe experimentelle Aufwand, unabhängig von einem Teilchenbeschleuniger, eine routinemäßige Untersuchung verschiedenster Proben, wobei auch längere Meßzeiten in Kauf genommen werden können. Deshalb kann diese Methode der zerstörungsfreien Mehrkomponentenbestimmung von Spurenelementen auch außerhalb technischer Laboreinrichtungen angewendet werden. Dabei erscheint es durchaus möglich, mit einer geeigneten Anordnung eine solche RFA-Methode auch im offenen Gelände zu einer schnellen Spurenelementbestimmung im Bereich der Umweltforschung einzusetzen.

Ziel dieser Arbeit war die Optimierung der Apparatur hinsichtlich der Anwendung der photoneninduzierten Röntgenfluoreszenzanalyse auf eine routinemäßige Analyse von Spurenelementkonzentrationen in Luft- und Gewässerproben. Der vorliegende Bericht enthält in Kap. 2 die physikalischen Grundlagen der Photoionisation und beschreibt im darauffolgenden Teil den apparativen Aufbau. Die Durchführung und die Empfindlichkeit der simultanen Elementanalyse sind Gegenstand von Kap. 4. Schließlich wird in Kap. 5 auf die Analyse von Luft- und Gewässerproben eingegangen. Dabei werden anhand erster Ergebnisse Probleme der Probennahme und Aufbereitung dargestellt und entsprechende Lösungswege aufgezeigt.

2. Physikalische Grundlagen der Photoionisation

Die Wechselwirkungsprozesse elektromagnetischer Strahlung mit Materie bilden die physikalischen Grundlagen der photoneninduzierten Röntgenfluoreszenzanalyse. Im Energiebereich von 1 bis 100 keV kann die Wechselwirkung durch photoelektrische Absorption beschrieben werden, solange die Photonen-

energien größer als die Bindungsenergien der Elektronen im
Atom sind. Den wesentlichen Beitrag zur photoelektrischen
Absorption liefern dabei die inneren K- und L-Schalen, auf
die sich deshalb die folgenden Ausführungen beschränken. Als
Photoionisationswirkungsquerschnitt σ^{ph} wird dabei die Ionisationswahrscheinlichkeit, d. h. die Anregung eines der Elektronen einer bestimmten Schale ins Kontinuum, bezeichnet.

Die durch Photoionisation entstandenen Vakanzen in inneren
Schalen werden innerhalb von 10^{-15} bis 10^{-18} s durch den
Übergang eines Elektrons aus energetisch höherliegenden Niveaus wieder aufgefüllt, wobei die dabei freiwerdende Energie
entweder als Röntgenquant oder an ein Augerelektron abgegeben
wird. Die Wahrscheinlichkeit für die Emission eines Röntgenquants, d. h. die Anzahl der emittierten Röntgenquanten pro
Vakanz in einer inneren Schale wird als Fluoreszenzausbeute ω
bezeichnet. Beschränkt man sich auf die K- bzw. L-Schale, so
ergibt sich der Emissionswirkungsquerschnitt für charakteristische Röntgenstrahlung der jeweiligen Schale zu

$$\sigma^{x}_{K,L} = \omega_{K,L} \cdot \sigma^{ph}_{K,L} \qquad (2.1)$$

Für die K-Schale ist die Fluoreszenzausbeute gut bekannt[6].
Ihre Abhängigkeit von der Kernladungszahl Z ist in Abb.1
dargestellt. Die Fluoreszenzausbeuten der L-Schale hängen
wegen der unterschiedlichen Coster-Kronig-Übergangswahrscheinlichkeiten, d. h. Augerübergängen zwischen einzelnen Unterschalen, stark von den L-Unterschalen ab. Sie sind für viele
Elemente nicht oder nur unzureichend bekannt.

Die theoretische Beschreibung des Photoionisationswirkungsquerschnitts σ^{ph} erfordert eine detaillierte quantenmechanische Berechnung. Zumeist wird dabei die Wechselwirkung der
Photonen mit einzelnen Elektronen in zeitabhängiger Störungsrechnung behandelt und das effektive Zentralpotential, bestehend aus der Coulombkraft des Kerns und der Wechselwirkung
der Elektronen untereinander, mit einer selbstkonsistenten
Hartree-Fock-Slater Methode bestimmt[7].

Auf diese Weise berechnete photoelektrische Wirkungsquerschnitte, d. h. die Summation über die Photoionisationswirkungsquerschnitte der einzelnen Schalen, sind tabelliert[8,9]. Für Photonenenergien von 10 keV bis 1,5 MeV und für Elemente mit $Z \geq 13$ wird eine Genauigkeit von 2 - 3 % angegeben. Für leichte Elemente und niedrige Photonenenergien betragen die Unsicherheiten je nach Wahl des Potentialansatzes zwischen 3 und 8 %. Bei Photonenenergien unterhalb von einigen 100 keV ergibt sich für den K-Ionisationswirkungsquerschnitt eine starke Zunahme mit steigender Kernladungszahl Z des Targetmaterials und abnehmender Photonenenergie E_o.

$$\sigma_K^{ph} \sim Z^5 \cdot E_o^{-7/2} \qquad (2.2)$$

Bei Energien im MeV-Bereich führen die Rechnungen dagegen zu einer E^{-1} Abhängigkeit.

Experimentell kann der photoelektrische Wirkungsquerschnitt entweder über die Absolutbestimmung der erzeugten Photoelektronen bzw. der emittierten Röntgenquanten bestimmt werden, oder es wird der totale Absorptionswirkungsquerschnitt eines Elementes in Abhängigkeit von der Photonenenergie gemessen. Experimentell bestimmte Wirkungsquerschnitte für Photonenenergien von 0,1 keV bis 1 MeV sind bei Veigele[10] tabelliert. Die Werte wurden durch numerische Anpassung an experimentelle Daten verschiedener Autoren erhalten. Für Photonenenergien oberhalb der K-Absorptionskante wird eine Genauigkeit von 2 - 5 % angegeben.

Der relative Beitrag der K- bzw. L_3-Schale zum photoelektrischen Absorptionswirkungsquerschnitt bei dem Nachweis der K_α- bzw. L_α-Strahlung wird durch die bei Storm und Israel[9] tabellierten Werte $j_K(Z)$ angegeben, die wie folgt über den Absorptionskoeffizienten μ definiert sind.

$$j_K(Z) = \frac{\mu_K}{\mu_K + \mu_{L_1} + \mu_{L_2} + \mu_{L_3} + \ldots} \qquad (2.3)$$

Für $j_{L_3}(Z)$, d. h. den relativen Beitrag der L_α-Strahlung, ergibt sich ein ähnlicher Ausdruck.

3. Prinzip und Anordnung der Röntgenfluoreszenzanalyse mit einer Radionuklid-Quelle

Mit Hilfe photoneninduzierter Röntgenemission soll der Nachweis einer minimalen Massenbelegung einzelner Elemente im Bereich von 10 - 1000 ng/cm^2 bei simultaner Analyse aller Elemente erreicht werden. Da die Nachweisgrenze durch das Intensitätsverhältnis von Strahlungsbeiträgen aus verschiedenen Untergrundprozessen zur charakteristischen Röntgenstrahlung bestimmt wird, ist bei dem Versuchsaufbau zunächst auf eine weitgehende Reduzierung der auftretenden Untergrundstrahlung zu achten. Darüber hinaus kann die Forderung nach kurzen Meßzeiten, die zur Routineuntersuchung nötig sind, nur durch möglichst hohe Röntgenausbeuten erfüllt werden.

Im folgenden werden deshalb zunächst die einzelnen Untergrundbeiträge behandelt, anschließend die Kriterien zur Auswahl und Anordnung der Radionuklid-Strahlungsquelle erläutert und schließlich der sich daraus ergebende experimentelle Aufbau beschrieben.

3.1 Untergrundbeiträge

Bei der Wechselwirkung der Primärphotonen mit dem Target entstehen neben der charakteristischen Röntgenstrahlung Stör- und Untergrundbeiträge, die den Elementnachweis behindern. Die Streuung der Primärphotonen stellt dabei den wesentlichen Beitrag dar.

Bei der Rayleigh-Streuung erfolgt die Wechselwirkung der Primärphotonen mit gebundenen Elektronen, ohne daß ein Ener-

gieverlust durch Ionisierung oder Anregung stattfindet.
Daher erscheint im Röntgenspektrum eine Linie bei der Energie der einfallenden Photonen. Die Wahrscheinlichkeit für
Rayleigh-Streuung wächst mit sinkender Photonenenergie und
steigt im Röntgenbereich angenähert mit dem Quadrat der Ordnungszahl Z an.

Als Compton-Streuung wird die Wechselwirkung von Photonen
mit leicht gebundenen Elektronen bezeichnet. Dabei verliert
das Photon einen Teil seiner Primärenergie und im Röntgenspektrum resultiert eine Linie bei der Energie E_c.

$$E_c = E_o \left[1 + \frac{E_o}{m_e c^2}(1-\cos\alpha)\right]^{-1} \qquad (3.1)$$

Hierin sind m_e die Masse des Elektrons und α der Winkel
zwischen dem einfallenden und dem gestreuten Photon. Der
Wirkungsquerschnitt für Comptonstreuung ist der Ordnungszahl
proportional und zeigt bei einem Winkel α von $90°$ ein schwach
ausgeprägtes Minimum[11].

Die photoelektrische Wechselwirkung der Photonen mit den
Targetatomen führt neben der charakteristischen Röntgenemission zur Erzeugung von Photoelektronen. Da sich die Matrix,
wie z. B. die häufig verwendeten Nuclepore-Filter, aus Elementen mit niedrigem Z zusammensetzt, kann aufgrund der geringen Bindungsenergie nahezu die gesamte Photonenenergie auf
die Photoelektronen übertragen werden. Durch die Bremsstrahlung dieser Elektronen entsteht ein kontinuierlicher Untergrundbeitrag, der sich über den gesamten Energiebereich bis
zur Primärenergie E_o erstreckt.

Weitere Beiträge zum Untergrund werden durch den Nachweisprozeß im Detektorkristall selbst verursacht. So können aus
der Oberfläche Photoelektronen entkommen, deren Energie dem
Nachweisprozeß verlorengeht. Auch Bremsstrahlungsquanten
und charakteristische Röntgenstrahlung können aus dem Detektorkristall entkommen. Dies führt zu zusätzlichen Entkomm-

linien bzw. einem kontinuierlichen Untergrund im Röntgenspektrum.

3.2 Radionuklid-Quelle

Die Auswahl und Anordnung der anregenden Strahlungsquelle ist von entscheidender Bedeutung für die Optimierung der Spurenelementanalyse. Im allgemeinen benutzt man Strahlungsquellen, deren Zerfall die Emission charakteristischer Röntgenstrahlung zur Folge hat, also solche, die durch Elektronen-Einfang und/oder innere Konversion zerfallen.

Um hohe Intensitäten der Fluoreszenzstrahlung zu erreichen, sollte aufgrund der $E_o^{-7/2}$-Abhängigkeit des Photoionisationswirkungsquerschnitts die Energie der anregenden Photonen immer möglichst dicht oberhalb der Absorptionskante des gesuchten Spurenelementes liegen. Bei einer Simultananalyse mehrerer Elemente muß deshalb die Anregungsenergie oberhalb der Absorptionskante des schwersten, durch K-Strahlung noch zu analysierenden Elements gewählt werden. Zur Unterdrückung störender Linien und Untergrundkomponenten sollte die Radionuklid-Strahlungsquelle zudem wenige Emissionslinien und kein kontinuierliches Bremsstrahlungsspektrum aufweisen. Die Intensität der Quelle muß darüber hinaus hinreichend kurze Meßzeiten für Routineuntersuchungen gewährleisten; aus wirtschaftlichen und praktischen Gründen sollte die Aktivität nicht zu schnell abklingen.

Unter Berücksichtigung dieser Kriterien wurde zur Anregung eine ^{109}Cd-Quelle von 50 µC gewählt. Das punktförmige Präparat besitzt einen aktiven Durchmesser von 1 mm. ^{109}Cd zerfällt mit 100 % Wahrscheinlichkeit und einer Halbwertszeit von 1,24 a unter Elektroneneinfang in den $7/2^+$-Zustand des ^{109}Ag bei 0,088 MeV, der anschließend über γ-Zerfall mit 40 s Halbwertszeit in den Grundzustand übergeht. Als Strahlung wird im wesentlichen die K_α bzw. K_β-Strahlung des Silbers bei 22,1 bzw. 24,9 keV emittiert. Der γ-Zerfall des ^{109}Ag trägt lediglich 0,1 % zur nachgewiesenen Röntgenausbeute bei.

3.3 Experimenteller Aufbau

Die Apparatur ist im Bochumer Isotopenlabor aufgebaut. Dort wird aufgrund der gefilterten Luftzufuhr ein weitgehend staubfreies Arbeiten erreicht, wie es zur Vermeidung von Kontaminationen bei Spurenelementuntersuchungen wünschenswert ist. Eine schematische Darstellung der experimentellen Anordnung, bestehend aus Kammer, Quelle, Probe(Target), Kollimatorsystem und Detektor, ist in Abb. 2 dargestellt. Mit Ausnahme der einzelnen Detektoren befindet sich die gesamte Anordnung in einer Plexiglaskammer. Durch Evakuieren der Kammer wird die Rayleigh- und Comptonstreuung von Primärphotonen an Luftmolekülen verhindert. Um die Absorption der emittierten Röntgenstrahlung gering zu halten, befindet sich vor dem Detektor ein Eintrittsfenster aus Mylarfolie von 15 µm Dicke.

Aus Strahlenschutzgründen wird das ^{109}Cd-Präparat durch eine Bleiummantelung abgeschirmt. Ein Kollimator von 2,8 mm Durchmesser zwischen Quelle und Target bewirkt bei minimalem Abstand Quelle - Target einen scharf begrenzten Strahlfleck von 4 mm auf dem Target. Um die Fluoreszenzstrahlung des Abschirmmaterials Blei zu unterdrücken, ist der Kollimator innen mit Silber ausgekleidet. Silber wurde gewählt, damit die vom Präparat emittierte Ag-K-Strahlung im Kollimator keine Fluoreszenzstrahlung anregt. Der Abstand des Präparats zur Quelle ist variabel, kann jedoch 7 mm nicht unterschreiten. Durch Vergrößerung des Abstandes erhält man einen ausgedehnten Strahlfleck, der bei der Untersuchung ausgedehnter inhomogener Proben Vorteile bieten kann.

Das Target befindet sich unter 45° sowohl zur Quelle als auch zum Detektor. Der Targethalter ist in Abb. 3 dargestellt. Zur Vermeidung störender Fluoreszenzstrahlung sind die gesamte Meßkammer und insbesondere alle Teile in der Nähe des Targets aus Materialien aufgebaut, die nur Elemente mit niedrigem Z enthalten. Um die Compton-Streuung zu unterdrücken, wird die Materialmenge in der Nähe des Targets so gering wie möglich gehalten.

Der Schichtabsorber zwischen Target und Detektor schirmt den
Detektor gegen Primär- und Streustrahlung ab und besteht zur
Unterdrückung der im Absorber selbst auftretenden Fluoreszenzstrahlung aus einer Staffelung verschiedener Materialien:
Pb, Ta, Sn, Mo, Cu und Al.

Der Röntgendetektor, wahlweise ein Si(Li)- oder ein Ge(I)-
Detektor, läßt sich auf einem justierbaren Schlitten zentrisch
bis auf 10 bzw. 15 mm an das Target heranbringen. Dazu ist
ein Flansch in der Plexiglaskammer vorgesehen, der gleichzeitig als Halterung der Schichtabsorber dient. Die Detektoren
stehen unter $90°$ zur Achse der Primärstrahlung, da die Compton-Streuung bei $90°$ minimal wird.

Der Elementnachweis mit dem Si(Li)-bzw. Ge(I)-Detektor wird
durch Absorption der Röntgenstrahlung in der Mylarfolie, im
Be-Fenster des Detektors sowie in Gold- oder Totschicht der
Detektoren besonders bei niedrigen Photonenenergien beeinträchtigt. Folien und Fenster werden deshalb so dünn wie möglich
gehalten und bestehen aus Elementen mit möglichst geringem Z.

Der Nachweis der Röntgenquanten erfolgt durch photoelektrische Absorption im aktiven Volumen des Detektorkristalls. Die
dabei erzeugten Ladungsträger werden in einem ladungsempfindlichen Vorverstärker integriert. Die Amplitude der entstehenden Impulse ist direkt proportional der nachgewiesenen Röntgenenergie. Im Hauptverstärker werden die Impulse linear verstärkt und zur Optimierung des Signal-Rausch Verhältnisses geformt. Ein Pile-Up-Rejector verhindert Impulsaufstockungen
und läßt Totzeitkorrekturen des Vor- bzw. Hauptverstärkers
bis zu einer Zählrate von einigen 1000 Impulsen pro Sekunde zu.

Durch Impulshöhenanalyse mit einem Vielkanalanalysator erhält man das gesuchte Röntgenspektrum. Dieses wird anschließend auf ein Magnetband übertragen und kann an der PDP-10-
Rechenanlage des Bochumer Dynamitron-Tandem-Laboratoriums mit
Programmen ausgewertet werden, die speziell für die Spurenelementanalyse erstellt wurden.

4. Durchführung der routinemäßigen Elementanalyse

Der in Kap. 3 beschriebene apparative Aufbau bestimmt die routinemäßige Durchführung der Multielemetanalyse. Im folgenden wird zunächst gezeigt, für welche Elemente bei der vorgegebenen Anregung mit einer ^{109}Cd-Quelle eine Analyse möglich ist. Anschließend wird auf die routinemäßige quantitative Spurenelementbestimmung und die dabei erzielten Nachweisgrenzen eingegangen.

4.1 Spektren

Abb. 4 zeigt zwei Untergrundspektren, aufgenommen in 10^5 s, für eine 5,0 µm dünne Nuclepore-Folie, die als Matrix insbesondere für Wasserproben benutzt wird. Anhand dieser mit dem Si(Li)- bzw. Ge(I)-Detektor aufgenommenen Spektren läßt sich der Elementbereich erkennen, der aufgrund der gewählten Versuchsanordnung für eine Spurenelementanalyse zugänglich ist. Dies ist in Abb. 5 schematisch dargestellt, wobei Bereiche, in denen der Elementnachweis durch Störlinien verhindert oder beeinträchtigt wird, schraffiert sind.

Emissionslinien von ca. 2 bis 20 keV lassen sich problemlos nachweisen. Die hochenergetische Begrenzung ist dabei durch die Comptonstreuung der Ag-K_α-Primärstrahlung bedingt, während bei niedrigen Röntgenenergien die Absorption in Mylarfolie und Be-Fenster den Elementnachweis einschränken. Außerdem wird im Energiebereich von 2,8 bis 3,5 keV die Messung durch die Ag-L-Strahlung gestört. Somit können durch K-Strahlung Elemente zwischen Z=20 und Z=45 und durch L-Strahlung Elemente zwischen Z=51 und Z=100 nachgewiesen werden. Lediglich eine leichte Beeinträchtigung ist gegeben durch die L_α- bzw. L_β-Strahlung von Blei bei 10,5 bzw. 12,6 keV, die durch Fluoreszenzstrahlung der Bleiabschirmung verursacht wird, sowie durch die K_α-Emissionslinien von Eisen und Zink, die jedoch nur aufgrund geringer Verunreinigungen der Nuclepore-Folie im Untergrundspektrum erscheinen.

Bei Röntgenenergien oberhalb der Si- bzw. Ge-Absorptionskanten erfolgt der Nachweis des Röntgenquants im Detektorkristall hauptsächlich durch Photoeffekt in der K-Schale. Dabei können charakteristische Röntgenquanten entstehen und das empfindliche Volumen des Detektors verlassen. Dadurch erscheinen im Spektrum Linien, deren Energien um die K_α- bzw. K_β-Röntgenenergie von Si oder Ge gegen die nachzuweisenden Röntgenlinien verschoben sind. Im Si-Detektor sind diese Entkommlinien sehr intensitätsschwach, weil die niederenergetische Si-K-Strahlung von 1,74 und 1,84 keV nur aus einer sehr dünnen Oberflächenschicht entweichen kann. Im Fall des Ge-Detektors dagegen erreicht die Entkommwahrscheinlichkeit bei 11,1 keV, der Energie der Ge-K-Absorptionskante, ungefähr 20 % und kann sich bei Photonenenergien zwischen 11 und 40 keV störend bemerkbar machen.

Bei der Spurenelementanalyse läßt sich deshalb mit einem Ge-Detektor aufgrund der Entkommlinien der Ag-K-Strahlung die K- bzw. L-Strahlung einiger Elemente nur bei starken Elementbelegungen nachweisen (s. Abb. 4 u. 5). Außerdem können hohe Konzentrationen an Elementen, deren Röntgenenergie 11 keV übersteigt, den simultanen Nachweis anderer Elemente mit geringer Massenbelegung durch ihre Entkommlinien verhindern.

4.2 Ausbeutefaktoren

Zwischen der Massenbelegung M eines Spurenelements in einer homogenen Probe mit ebener Oberfläche und der gemessenen Röntgenausbeute $Y_{K,L}$ einer charakteristischen Linie besteht folgender Zusammenhang:

$$Y_{K,L} = I_o \frac{\Delta\Omega_Q}{4\pi} \sigma_{K,L}(E_o) \frac{N_L}{A \cdot \sin\theta_T} \frac{\Delta\Omega_D}{4\pi} T \varepsilon \Psi(Z,M) M \qquad (4.1)$$

Hierbei bedeuten:

I_o Zerfallsrate der Radionuklid-Quelle

$\Delta\Omega_Q$ Raumwinkel, der dem Öffnungswinkel der Quelle entspricht und durch den Kollimator definiert ist

$\sigma_{K,L}(E_o)$ Wirkungsquerschnitt für die Erzeugung der K- bzw. L-Röntgenstrahlung des Elementes

N_L Loschmidtsche Zahl

A   Atomgewicht des Elementes

θ_T Winkel zwischen Primärphotonen und Target

$\Delta\Omega_D$ Raumwinkel des Detektors, auf das Target bezogen

T   Transmissionswahrscheinlichkeit für Hostafanfolie

ε Ansprechwahrscheinlichkeit des Detektors

$\psi(Z,M)$ Korrekturfaktor, der die Selbstabsorption der Primärphotonen und der Fluoreszenzstrahlung im Target berücksichtigt

Die Selbstabsorption braucht für Massenbelegungen bis zu einigen 100 µg/cm^2 nicht berücksichtigt zu werden, d. h. der Korrekturfaktor besitzt den Wert eins.

Da die Bestimmung der Größen $\sigma_{K,L}(E_o)$, $\Delta\Omega_Q$, $\Delta\Omega_D$, T und ε in Gleichung (4.1) teilweise mit beträchtlichen Fehlern behaftet ist, beschreitet man zweckmäßigerweise folgenden Weg:

Definiert man einen Ausbeutefaktor

$$\rho_{K,L} = \frac{\Delta\Omega_Q}{4\pi} \sigma_{K,L}(E_o) \frac{N_L}{A} \frac{1}{\sin\theta_T} \frac{\Delta\Omega_D}{4\pi} T \cdot \varepsilon \qquad (4.2)$$

so erhält man für Gleichung (4.1):

$$Y_{K,L} = I_o \rho_{K,L} M \qquad (4.3)$$

Der Röntgenausbeutefaktor $\rho_{K,L}$ wird für die vorliegende Meßanordnung durch Bestimmung der Intensität $Y_{K,L}$ der Emissionslinien verschiedener Elemente bekannter Massenbelegung gemäß der Beziehung

$$\rho_{K,L} = \frac{Y_{K,L}}{I_o M} \qquad (4.4)$$

experimentell ermittelt.

Die Ausbeutefaktoren der K-Schale wurden für die Elemente Ca, Fe, Cu, Ge, Y und Mo bestimmt, die der L-Schale für Ba, Eu, Ta, Au und Pb. Für andere Elemente können sie interpoliert werden, da für die Abhängigkeit von $\sigma_{K,L}$ von der Röntgenenergie ein kontinuierlicher Verlauf vorausgesetzt werden kann.

Der Fehler bei der Messung der Ausbeutefaktoren ist durch die Genauigkeit bei der Bestimmung der Massenbelegung der Eichtargets gegeben. Diese können je nach Element entweder direkt beim Aufdampfprozeß durch Veränderung der Frequenz eines Schwingquarzes oder durch Energieverlustmessungen von α-Teilchen mit einem Fehler von 5 - 10 % bestimmt werden.

Unter Beibehaltung der experimentellen Anordnung ermöglichen die Ausbeutefaktoren somit eine Simultananalyse der Spurenelemente im Routinebetrieb, ohne die experimentellen Parameter bestimmen zu müssen. Die Massenbelegung läßt sich dabei nach Gl. (4.4) aus der gemessenen Röntgenausbeute direkt angeben.

$$M = \frac{1}{I_o \, \rho_{K,L}} Y_{K,L} \qquad (4.5)$$

I_o, die Aktivität der Anregungsquelle, wird für den Zeitpunkt der Messung nach den Aktivitätsangaben der Herstellerfirma über die Halbwertszeit bestimmt.

4.3 Nachweisgrenzen

Die Nachweisgrenze wird durch das Verhältnis der Röntgenausbeute der K_α- bzw. L_α-Strahlung zur Untergrundausbeute im Energiebereich der Linie festgelegt.

Zwei Definitionen der minimal nachweisbaren Massenbelegung sind üblich. Die eine legt als Nachweisgrenze fest, daß das Verhältnis des Linieninhalts zum dazugehörigen Untergrund mindestens gleich eins ist. Dieses Kriterium ist zwar unabhängig von experimentellen Bedingungen wie Meßzeit und Intensität der Radionuklid-Quelle, berücksichtigt jedoch nicht, daß bei gleichem Linie-zu-Untergrund-Verhältnis eine Linie umso leichter zu identifizieren ist, je besser die Statistik der Messung ist. Deshalb definiert das andere Kriterium als minimal nachweisbare Massenbelegung diejenige Elementbelegung, bei der der Linieninhalt $N_{K,L}$ dreimal so groß ist wie der statistische Fehler des Untergrundintegrals N_u innerhalb der dreifachen Standardabweichung der Emissionslinie[1].

$$N_{K,L_{min}} = 3\sqrt{N_u}$$

Mit

$$Y_{K,L} = N_{K,L}/t$$

erhält man für die Röntgenausbeute in der Meßzeit t:

$$Y_{K,L_{min}} = 3\sqrt{\frac{Y_u}{t}}$$

Aus Gleichung (4.5) ergibt sich die minimal nachweisbare Massenbelegung

$$M_{min} = \frac{3}{I_o \, \rho_{K,L}} \sqrt{\frac{Y_u}{t}}$$

Demnach können mit zunehmender Meßzeit geringere Massenbelegungen nachgewiesen werden. Abb. 6 zeigt die Nachweisgrenzen unserer Meßanordnung bei einer Meßzeit von 10^5 s und einer Quellenaktivität von 20 µC. Die Untergrundausbeuten wurden dazu für eine dünne Nuclepore-Folie von 5,0 µm Dicke bestimmt. Die minimal nachweisbare Elementkonzentration nimmt mit steigender Ordnungszahl, d. h. höherer Röntgenenergie, stark ab. Der Grund dafür liegt zum einen in der $E_o^{-7/2}$-Abhängigkeit des photoelektrischen Wirkungsquerschnitts, zum anderen im Anstieg des Untergrunds bei niedrigen Röntgenenergien, wie in Abb. 4 zu erkennen ist.

5. Anwendung auf Luft- und Wasserproben

Neben einer präzisen Meßanordnung ist bei der Spurenelementanalyse die Entnahme und anschließende Aufbereitung der Proben von entscheidener Bedeutung für die Zuverlässigkeit der Elementbestimmung. Die Probennahme soll einen möglichst exakt bestimmbaren Teil eines großen Volumens, z. B. der Luft, entnehmen, ohne daß dabei Änderungen der Spurenelementkonzentrationen aufgrund der Probennahmetechnik auftreten. Dasselbe gilt für die Aufbereitung, bei der die Proben möglichst homogen verteilt auf eine Matrix aufgebracht werden.

Einen wichtigen Gesichtspunkt bei der Probenaufbereitung stellt die Wahl geeigneter Folien dar, die als Matrix verwendet werden können. Zunächst muß ein Eindringen der Probensubstanz in die Trägerfolie vermieden werden, um keine Absorptionsverluste der emittierten Röntgenstrahlung zu erhalten. Außerdem sollte die Matrix zur Reduzierung der Untergrundbeiträge möglichst dünn sein und keine Verunreinigungen mit Elementen mit $Z > 15$ enthalten.

Im folgenden wird insbesondere auf die Probleme der Probennahme und Aufbereitung bei der Untersuchung von Spurenelementkonzentration in Aerosolen und Gewässern eingegangen. Außerdem werden erste Meßreihen gezeigt, die zeitliche Verläufe von Schwermetallkonzentration in diesen Medien verfolgen.

5.1 Staubproben

5.1.1 Probennahme

Bei der technischen Realisierung der Staubprobennahme haben sich in den letzten Jahren zwei Verfahren durchgesetzt, die Impaktor- und die Durchflußfilteranlage. Um auch Tagesverläufe von Elementkonzentrationen in Staubpartikeln im Sinne von Dynamiken untersuchen zu können, müssen diese Anlagen innerhalb von 1 bis 2 Stunden die gesamte Staubmenge eines hinreichend großen Luftvolumens auf der Oberfläche eines dünnen Filters ablagern können.

Bei dem Impaktor wird mit Hilfe einer Pumpe Luft angesaugt
und durch kleine Schlitze auf eine dünne Folie geleitet, auf
der sich ein großer Teil der Staubteilchen ablagert. Man verwendet
in der Regel mehrstufige Impaktoren, wobei sich die
Schlitzbreiten der einzelnen Stufen stetig verringern. Durch
diese Kaskadenimpaktoren wird erreicht, daß sich auf den Filtern
der einzelnen Stufen unterschiedlich große Staubteilchen
niederschlagen. Man erhält damit die Möglichkeit, Spurenelementkonzentrationen
in Abhängigkeit von der Staubpartikelgröße
zu untersuchen.

Abb. 7 zeigt schematisch den Aufbau des bei den vorliegenden
Untersuchungen verwendeten Impaktors, der uns von der Landesanstalt
für Immissionsschutz (LIS) in Essen zur Verfügung gestellt
wurde. Die Anordnung der einzelnen Stufen wurde so gewählt, daß
Stufe 0 hauptsächlich Partikel größer als 10 µm, Stufe 1 Partikel
zwischen 3,5 und 10 µm und Stufe 2 Partikel kleiner als
3,5 µm abscheidet. Aus Abb. 8 ist zu erkennen, wie sich die im
Impaktor nachgewiesenen Spurenelementkonzentrationen an Fe und
Zn auf die drei einzelnen Stufen verteilen. Die eingetragenen
statistischen Fehler rühren von der Untergrundsubtraktion und
der Linienintegration her.

Bei der Staubprobennahme mit Durchflußfilteranlagen wird ein
definiertes Luftvolumen durch einen Filter mit sehr kleinen
Poren angesaugt. Der Staub wird vom Filter zurückgehalten, wobei
die eletrostatische Aufladung der Filteroberfläche durch
die Luftströmung diesen Prozeß begünstigt.

Das für die vorliegende Untersuchung verwendete Staubsammelgerät[*)]
arbeitet mit einem Luftdurchsatz von 250 bis 2300 l/h
bei einem Fehler der Luftmengenbestimmung von 2 %. Die eingesetzten
Membranfilter haben einen Durchmesser von 50 mm und
eine Porengröße von 0,1 µm. Um eine größere Massenbelegung
bei Immissionsmessungen zu erreichen, wurde der aktive Filterdurchmesser
auf 12,5 mm beschränkt.

---

*) Staubsammelgerät MD 2, Firma Sartorius

Abb. 9 zeigt ein Röntgenspektrum, das durch direkte Messung
einer Durchflußfilterprobe erhalten wurde. Die Pumpzeit betrug acht Stunden. In Klammern sind die Elementkonzentrationen in ng/m^3 angegeben.

5.1.2 Vergleich der angewendeten Probennahmetechniken

Probleme, die sich aus der Staubprobendicke ergeben, wurden
zunächst bei Durchflußfilterproben deutlich, die uns von der
LIS Essen zu Vergleichen mit anderen Analysenmethoden zur
Verfügung gestellt wurden. Sie besitzen eine sehr hohe Massenbelegung, da die in diesen Instituten gebräuchlichen chemischen Analysenmethoden große Staubbelegungen auf Luftfiltern
erfordern. Solche Staubprobendicken eignen sich jedoch nur
bedingt zur quantitativen Analyse durch photoneninduzierte
Röntgenfluoreszenz, da Absorptionseffekte mit wachsender Probendicke zu Fehlern führen. Unsere Messungen ergaben im Vergleich zu den angegebenen Werten der LIS für Fe und Pb für
alle Proben geringere Elementkonzentration von 25 - 30 %.
Durch Absorption allein läßt sich diese systematische Abweichung nicht erklären, so daß auch Abweichungen der Eichstandards in Betracht gezogen werden müssen.

Da bei der Röntgenfluoreszenzanalyse häufig geringe Staubprobendicken ausreichen, sind Absorptionskorrekturen im allgemeinen nicht erforderlich. Lediglich bei der 2. Stufe des
Impaktors werden aufgrund der ungefähr 5-fach höheren Massenbelegung innerhalb des schmalen Staubstreifens unter Umständen Probendicken erreicht, bei denen Absorptionseffekte
nicht mehr vernachlässigt werden können.

Ziel der Luftprobennahme ist es, 100% der in der angesaugten
Luft enthaltenen Staubpartikel auf dem Filter abzulagern. Bei
Durchflußfiltern entsteht durch das Ansaugen der Luft durch
die engen Poren eine elektrostatische Aufladung der Filteroberfläche, wodurch abgelagerte Staubpartikel stärker an den
Filter gebunden werden. Diese Aufladung hält zudem einen
großen Teil derjenigen Partikel zurück, deren Durchmesser die

Porengröße unterschreitet. Daher werden auf Durchflußfiltern
annähernd 100 % der in der durchgesaugten Luft enthaltenen
Staubpartikel zurückgehalten[12].

Der Impaktor dagegen garantiert keineswegs eine Absolutbestimmung der in der Luft an Aerosolen gebundenen Spurenelemente. Eine Messung, bei der ein Durchflußfilter hinter den
drei Impaktorstufen angebracht wurde, gibt Aufschluß über die
nicht auf den Impaktorfiltern niedergeschlagene Staubmenge.
Eine parallel dazu eingesetzte Durchflußfilteranlage läßt
gleichzeitig eine absolute Staubmengenbestimmung zu. Die auf
diese Weise bestimmten Elementkonzentrationen wurden zueinander ins Verhältnis gesetzt. Sie sind während fünf aufeinanderfolgender Tage für Fe, Zn und Pb in Abb. 10 eingetragen. In
den drei Impaktorstufen schlagen sich demnach je nach Element
nur 50 - 90 % der Absolutkonzentrationen nieder, wie die im
nachgeschalteten Durchflußfilter abgelagerte Staubmenge zeigt.
Durch Aufbringen einer dünnen Schicht reinen Silikonfetts
oder Apiezons läßt sich die Staublagerung auf den Impaktorfilter zwar verbessern[13], jedoch bewirkt diese Maßnahme einen
zusätzlichen Untergrundbeitrag bei der anschließenden Röntgenfluoreszenzanalyse.

Außerdem bedingt die unbekannte, inhomogene Flächenverteilung
der Spurenelemente im Staubstreifen des Impaktors Fehler in
der Konzentrationsbestimmung. Während auf dem Durchflußfilter
eine aktive kreisförmige Fläche von 12,5 mm Durchmesser nahezu homogen mit Aerosolen belegt wird, kann die Verteilung im
Staubstreifen der Impaktorstufen bei Breiten zwischen 1 und
4 mm nur abgeschätzt werden. Es ist beabsichtigt, mit einer Protonenmikrosonde[14] nähere Einzelheiten der Elementverteilung
im Staubstreifen zu untersuchen.

5.1.3 Metallkonzentrationen in Luft

Wie aus den Abb. 8 bis 10 zu erkennen ist, lassen sich mit
beiden Probennahmeanlagen Immissionsdynamiken metallischer
Spurenelemente untersuchen, wenn Sammelzeiten von mehreren

Stunden zur Verfügung stehen. Weitere Meßreihen, die sowohl mit dem Impaktor als auch mit der Durchflußfilteranlage aufgenommen wurden, zeigen darüber hinaus, daß die auf dem Filter abgelagerte Staubmenge ausreicht, um in kurzen Intervallen von 1 bis 2 Stunden auch Tagesverläufe von Aerosolkonzentrationen zu messen. Die so für Fe und Zn bestimmten Konzentrationsveränderungen während eines Tages bei einer Messung mit einem Durchflußfilter sind in Abb. 11 dargestellt.

5.2 Wasserproben

5.2.1 Aufbereitung der Proben

Bei der quantitativen Spurenelementanalyse von Wasserproben ohne chemische Vorkonzentration besteht das wesentliche Problem darin, die Elementkonzentrationen homogen verteilt auf den Filter aufzubringen. Bei der von uns zunächst gewählten Methode wird das zu untersuchende Wasser mit einem Kolben aus Quarzglas dem Gewässer entnommen. Quarzgläser besitzen eine hohe Reinheit und sind außerdem aufgrund der geringen Adhäsion der Spurenelemente geeignet zur Stabilisierung der Proben während längerer Lagerzeiten. Dem gleichen Zweck dient das Hinzufügen sehr reiner Salpetersäure in geringen Mengen. Anschließend wird die Wasserprobe auf kleine Plastikgefäße verteilt und mit einer Kunststoffpipette auf einen Filter aufgetropft. Mit dieser Pipette werden Tropfengrößen bis zu 20 µl mit einer Genauigkeit von 0,1 µl eingestellt. Als Trägermaterial werden Nucleporefilter gewählt, die einerseits als Matrix hinreichend dünn sind, andererseits ein Eindringen der Wassertropfen in das Filtermaterial und damit verbundene Absorptionsverluste der emittierten Röntgenstrahlung verhindern.

Das Eintrocknen des aufgebrachten Wassertropfens geschieht jedoch nicht homogen. Dies konnte durch Messungen der Elementkonzentration mit Hilfe der protoneninduzierten Röntgenfluoreszenzanalyse (PIXE) qualitativ ermittelt werden. Durch seitliches Verschieben des Targets gegenüber dem 1-2 mm breiten Protonenstrahl ergaben sich Konzentrationsunterschiede bis

zu 200 %. Dabei wurden die höchsten Konzentrationen am Rand
des Wassertropfens nachgewiesen. Für die photoneninduzierte
Fluoreszenzanalyse bedeutet dies, daß der Durchmesser des
Tropfens kleiner sein sollte als der durch die Quelle bestrahlte Teil der Nuclepore-Filter-Folie. Deshalb wurden die Proben
in Schritten von nur 5 µl aufgetropft. Ein hinreichend kleiner
Probendurchmesser ist damit jedoch nur teilweise erreichbar.
Je nach Verschmutzungsgrad des Gewässers wurden auf diese Weise
zwischen 100 und 600 µl auf Nuclepore-Folien eingetrocknet.

5.2.2 Elementkonzentrationen in Gewässern

Im Gegensatz zu den Luftproben ergeben sich bei der Messung
von Konzentrationsveränderungen in Gewässern prinzipiell
keine zeitlichen Einschränkungen für den Probennahmezyklus.
Um jedoch eine kurzzeitige routinemäßige Gewässeranalyse durchzuführen, sollten die Aufbereitungs- und Analysenzeiten nicht
wesentlich von der gewählten Zykluszeit abweichen. Bei der von
uns mit der ^{109}Cd-Quelle erreichten Nachweisgrenze bedeutet
dies, daß in kurzer Zeit größere Probenmengen auf einen Filter
aufgetrocknet werden müssen, um auch noch Elementkonzentrationen im Bereich von einigen µg/l bestimmen zu können. Hier
bieten sich als Techniken entweder das Eintrocknen größerer
Wassermengen in kurzer Zeit durch spezielle Apparaturen
oder chemische Vorkonzentrationsmethoden an, die im Rahmen
dieser Arbeit jedoch nicht angewendet wurden.

Trotzdem soll hier als Beispiel für Konzentrationsveränderungen in Gewässern die Analyse von Wasserproben gezeigt werden,
die an sieben aufeinanderfolgenden Montagen entnommen[*)] und
mit einer Pipette auf Nuclepore-Filter gebracht wurden.
Abb. 12 zeigt das Spektrum einer einzelnen Probe bei einer
Meßzeit von $5 \cdot 10^4$s, wobei die Elementkonzentrationen in Klammern in µg/l angegeben sind. Die Konzentrationsänderungen
während dieser 7 Wochen sind für die wichtigsten Spurenelemente Ca, Mn, Fe, Cu, Zn, Br und Sr aus Abb. 13 zu erkennen.
Die Fehlerbalken geben dabei die Größe der statistischen

---

*) Ruhr bei Herbede

Fehler bei der Spektroskopie der Röntgenlinien an. Deutlich zu erkennen ist der Konzentrationsanstieg der metallischen Spurenelemente Mn, Fe, Cu, Zn während der dritten Woche, in der die Ruhr Hochwasser führte. Die Konzentration der übrigen Elemente Ca, Br und Sr blieb dagegen annähernd konstant.

Um Aussagen über mögliche Fehlerquellen bei der Spurenelementanalyse von Wasserproben zu erhalten, wurden Proben der Landesanstalt für Wasser und Abfall (LWA), Düsseldorf, auf Elementkonzentrationen untersucht. Neben den von der LWA durch Atomabsorptionsspektroskopie ermittelten Konzentrationswerten von Fe und Zn konnten insbesondere noch die Elemente Br und Sr quantitativ bestimmt werden. Die Bestimmung der in geringen Konzentrationen vorhandenen Elemente Cr, Mn, Ni und Cu war nur in einigen Fällen möglich.

Die von uns bestimmten Elementkonzentrationen für Fe und Zn weichen von den gemessenen Vergleichswerten der LWA in einigen Fällen bis zu 150 % ab. Dabei lassen sich, wie Reproduzierbarkeitstests zeigen, Fehler bis zu 50 % dadurch erklären, daß sich bei dem derzeitigen Verfahren für das Auftropfen der Wasserproben auf dem Filter Probenflächen ergeben, die häufig größer sind als der Strahlfleckdurchmesser. Dadurch führen Inhomogenitäten der aufgetrockneten Wasserprobe zu Fehlern bei der Konzentrationsbestimmung. Eine andere Fehlerquelle stellen bei den geringen Wassermengen von einigen 100 µl, die aufgetropft werden, Schwebeteilchen dar, an die in einigen Fällen größere Anteile der Spurenelementkonzentrationen gebunden sein können. Die Tatsache dagegen, daß die von uns gemessenen Fe-Konzentrationen erheblich über den Werten der LWA lagen, während sich für die Zn-Konzentrationen zu niedrige Werte ergaben, deuten auf Eichfehler hin. Ähnliche Abweichungen bei der Spurenelementanalyse von Fe- und Zn-Konzentrationen wurden von anderen Autoren[15] auch schon anhand eines Vergleiches von PIXE und Atomabsorptionsspektroskopie aufgezeigt.

6. Diskussion und Ausblick

Die photoneninduzierte Röntgenfluoreszenzanalyse mit Radionuklid-Quellen läßt sich zur quantitativen simultanen Spurenelementanalyse für einen weiten Elementbereich, der im wesentlichen durch die Präparatewahl bestimmt wird, anwenden. Mit einer ^{109}Cd-Quelle werden mit unserer Versuchsanordnung je nach Element Nachweisgrenzen erreicht, die Massenbelegungen zwischen 5 und 500 ng/cm^2 entsprechen. Elemente, deren charakteristische K- bzw. L-Röntgenstrahlung Energien dicht unterhalb der anregenden Ag-K$_\alpha$-Strahlung besitzen, lassen sich dabei aufgrund der $E^{-7/2}$-Abhängigkeit des Photoionisationswirkungsquerschnitts in besonders geringen Konzentrationen nachweisen.

Die Routineanpassung der photoneninduzierten Röntgenfluoreszenzanalyse zur Untersuchung von luft- und wasserverunreinigenden Spurenelementen lieferte erste Ergebnisse. Es konnte gezeigt werden, daß die erzielte Nachweisempfindlichkeit der Staubsammeltechniken und der anschließenden Analyse ausreicht, zeitliche Immissionsverläufe mit Abständen zwischen ein und zwei Stunden zu untersuchen.

Im Interesse einer weiteren Fortführung der Routineanpassung sind jedoch vor allem solche Fehlerquellen zu beseitigen, die von den inhomogenen Verteilungen der Spurenelemente auf den aufbereiteten Filtern herrühren. Diese Inhomogenitäten führen besonders bei Anwendung der Impaktormethode sowie bei der Aufbereitung der Wasserproben zu Fehlern in der Konzentrationsbestimmung.

Die bisherigen Vergleiche zwischen Impaktor- und Durchflußfilteranlage lassen erkennen, daß mit dem Durchflußfilter eine homogener verteilte Staubpartikelablagerung auf der Filteroberfläche und damit eine bessere Reproduzierbarkeit der gemessenen Elementkonzentrationen zu erreichen ist. Da die Durchflußfilteranlage auch eine weitaus effektivere Staubabscheidung als der Impaktor gewährleistet, stellt sie somit für die Absolutbestimmung von Elementkonzentrationen in Aerosolen die bessere Probenahmetechnik dar. Der Impaktor bietet jedoch den Vorteil, daß man quantitative Spurenelementbestimmungen in Abhängigkeit von der Staubpartikelgröße durchführen kann[16,17]. Der uns von der LIS zur Verfügung gestellte Impaktor erfüllt aufgrund seiner einfachen Konzeption die dazu nötigen Anforderungen jedoch nur bedingt.

Es ist beabsichtigt, mit Hilfe der von uns entwickelten Protonenmikrosonde[14], mit der zur Zeit Strahldurchmesser von nur 6 µm erreicht werden, einige Details der Ablagerung von Aerosolen auf den Impaktor- und Durchflußfiltern systematisch zu untersuchen. Außerdem läßt sich diese Mikrosonde als Testmethode bezüglich inhomogener Elementverteilungen bei der Entwicklung neuer Aufbereitungsverfahren für Wasserproben einsetzen. Ferner können auch Inhomogenitäten abgeschätzt werden, die bislang Vergleichsmessungen zwischen der photonen- und der protoneninduzierten Röntgenfluoreszenzanalyse erschwert haben.

Weiterhin sollen durch den Einsatz zusätzlicher Anregungspräparate der Analysenbereich auf sämtliche Elemente mit Z >20 erweitert bzw. eine bessere Nachweisgrenze für bestimmte Elementgruppen ermöglicht werden. Darüber hinaus ist an die Entwicklung einer mobilen kleinen Meßanordnung gedacht, die Analysen unabhängig von technischen Laboreinrichtungen ermöglichen soll und damit den eigentlichen Vorteil von Radionuklid-Quellen zur Spurenelementanalyse ausnutzt. Die neue Fertigung kleiner Kryostaten für Halbleiterdetektoren und einfacher handlicher Vielkanalanalysatoren begünstigt dabei eine solche Entwicklung.

Anmerkung:

Herr Dipl.-Phys. H. Ostermann hat im Rahmen seiner Diplomarbeit wichtige Voraussetzungen für die Durchführung dieser Arbeit geschaffen.

Literaturverzeichnis

1) F.S. Goulding and J.M. Jaklevic,
   Ann. Rev. Nucl. Sci. 23 (1973) 45

2) J.M. Jaklevic, B.W. Loo, and F.S. Goulding,
   X-Ray Fluorescence Analysis of Environmental Samples,
   ed. T.G. Dzubay, (1977) 3

3) R. Wobrauschek and H. Aiginger,
   Measurement, Detection and Control of Environmental Pollutants,
   IAEA, Vienna, (1976) 187

4) M. Roth, B. Raith, C.D. Uhlhorn, B. Gonsior,
   Spurenelementanalyse durch ioneninduzierte Röntgenstrahlung, Forschungsbericht des Landes Nordrhein-Westfalen Nr. 2625, Westdeutscher Verlag, 1977

5) B. Raith, M. Roth, H.R. Wilde, B. Gonsior,
   Spurenelementanalyse von Umweltchemikalien durch ioneninduzierte Röntgenstrahlung, Forschungsbericht des Landes Nordrhein-Westfalen Nr. 2982, Westdeutscher Verlag, 1980

6) W. Bambynek, B. Crasemann, R.W. Fink, H.U. Freund, H. Mark, C.D. Swift, R.E. Price, and P. Venugopala Rao,
   Rev. Mod. Phys. 44 (1972) 716

7) J.W. Cooper, Atomic Inner-Shell Processes, vol. 1,
   ed. B. Crasemann, (1975) 159

8) R.D. Schmickley and R.H. Pratt,
   Phys. Rev. 164 (1967) 73

9) E. Storm and H.I. Israel,
   Nuclear Data Tables A7 (1970) 565

10) W.M.J. Veigele, Atomic Data 5 (1973) 51

11) R. Woldseth, X-Ray Spectrometry, 1973

12) B.Y.H. Liu and G.A. Kuhlmey,
    X-Ray Fluorescence Analysis of Environmental Samples,
    ed. T.G. Dzubay, (1977) 107

13) J.J. Wesolowski, W. John, W. Devor, T.A. Cahill,
    P.J. Feeney, G. Wolfe, and R. Flocchini,
    X-Ray Fluorescence Analysis of Environmental Samples
    ed. T.G. Dzubay, (1977) 121

14) H.R. Wilde, W. Bischof, B. Raith, C.D. Uhlhorn, and
    B. Gonsior, to be published in Nucl. Instr. Meth.

15) K.H. Nottrodt and H.W. Georgii,
    J. Aerosol Sci. 9 (1978) 169

16) T.G. Dzubay, R.K. Stevens, and C.M. Peterson,
    X-Ray Fluorescence Analysis of Environmental Samples,
    ed. T.G. Dzubay, (1977) 95

17) G.M. Hudson, H.C. Kaufmann, J.W. Nelson, and M.A. Bonacci,
    Nucl. Instr. Meth. 168 (1980) 259

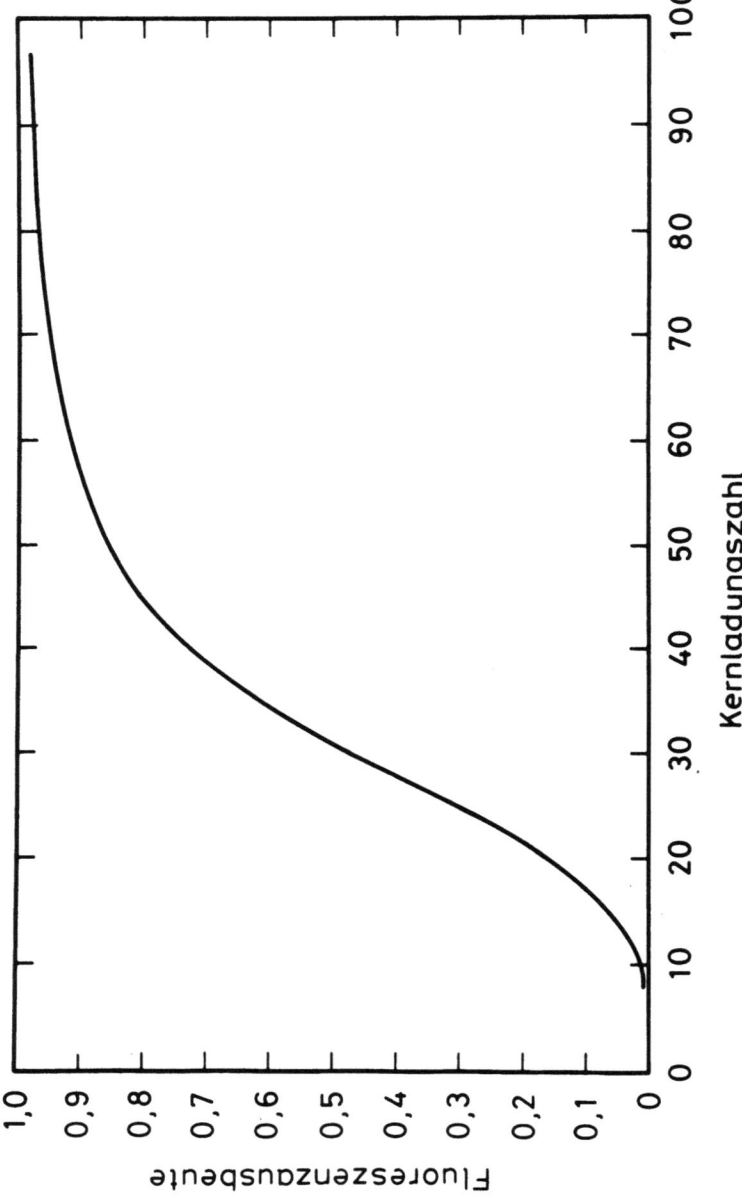

Abb. 1: Fluoreszenzausbeute der K-Schale

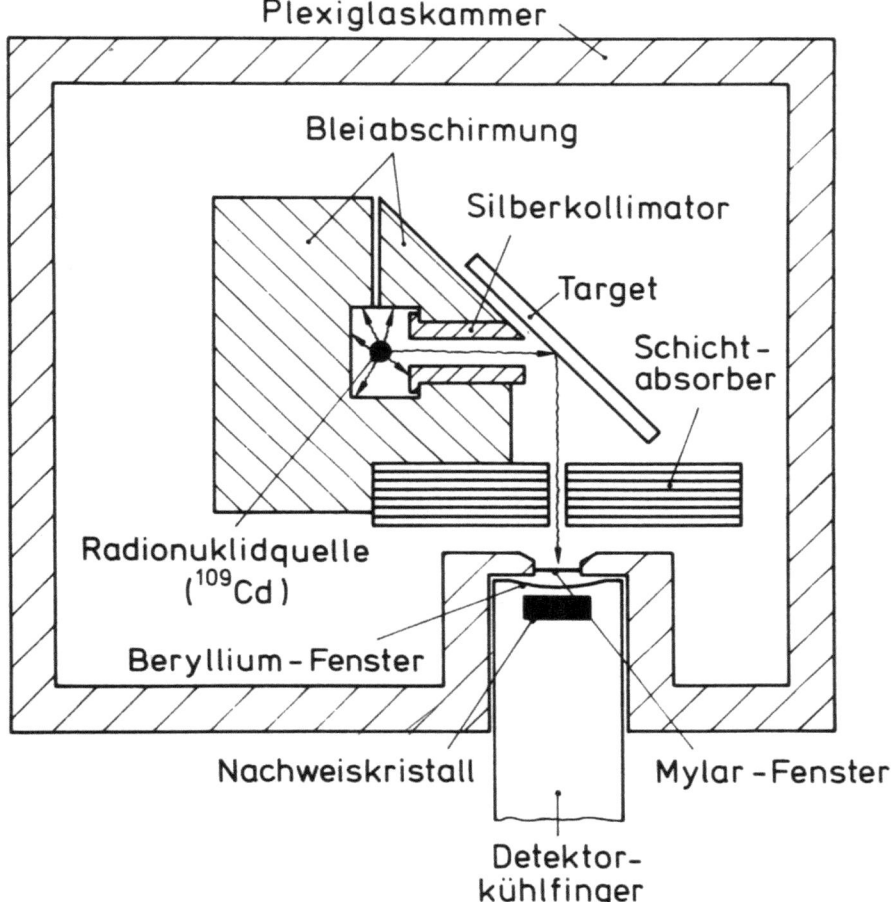

Abb. 2: Aufbau der Meßapparatur

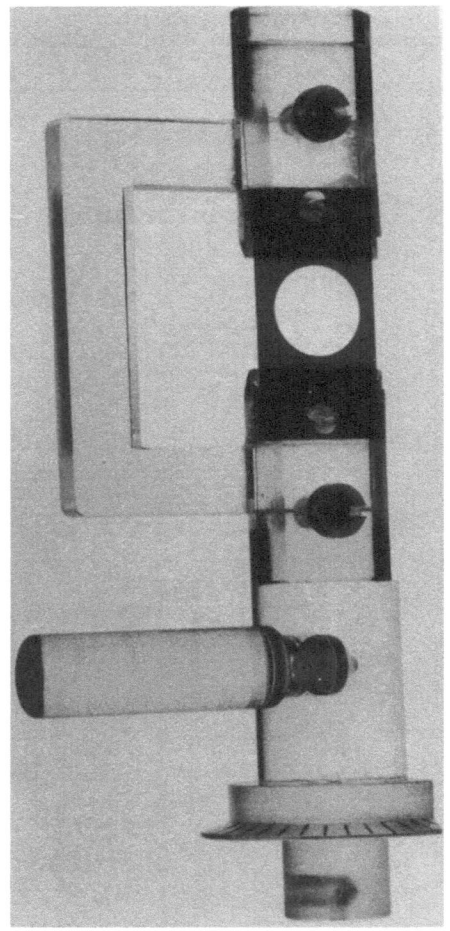

Abb. 3: Targethalter (Plexiglas) mit Target-
rähmchen (Hostafan)

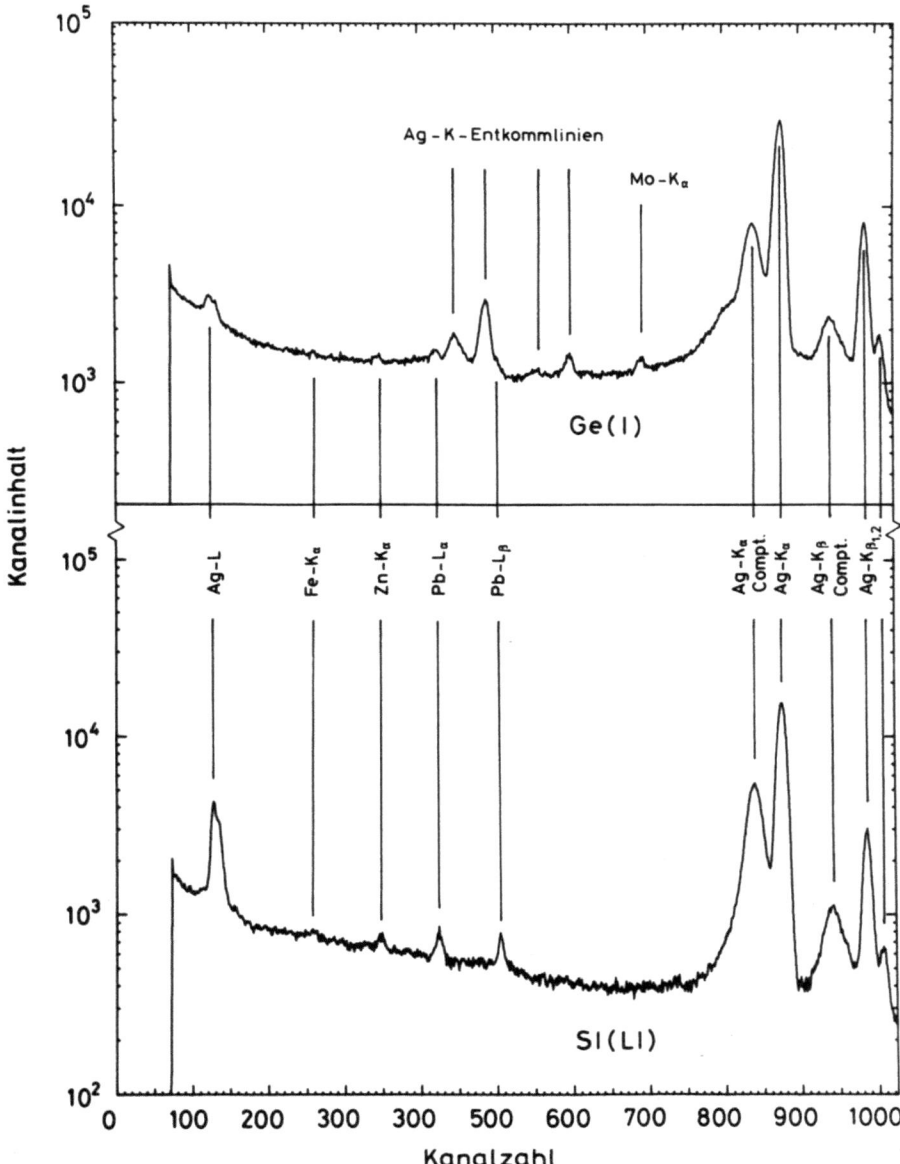

Abb. 4: Untergrundspektren für eine 5,0 μm dicke Nuclepore-Folie, aufgenommen mit einem Ge(I)- und einem Si(Li)-Detektor

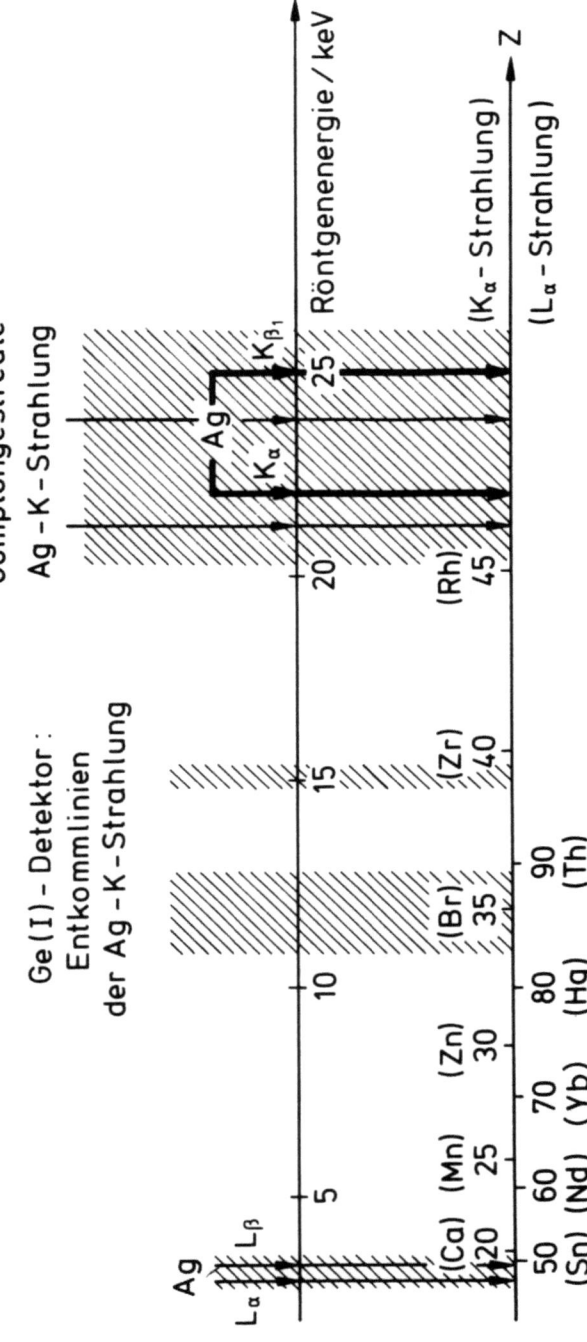

Abb. 5: Schematische Darstellung des Elementbereichs, der bei Wahl einer ^{109}Cd-Quelle für die K$_\alpha$- bzw. L$_\alpha$-Strahlung in Frage kommt. Bereiche, in denen die Analyse durch Röntgenemissionslinien des Präparates gestört wird, sind schraffiert eingezeichnet

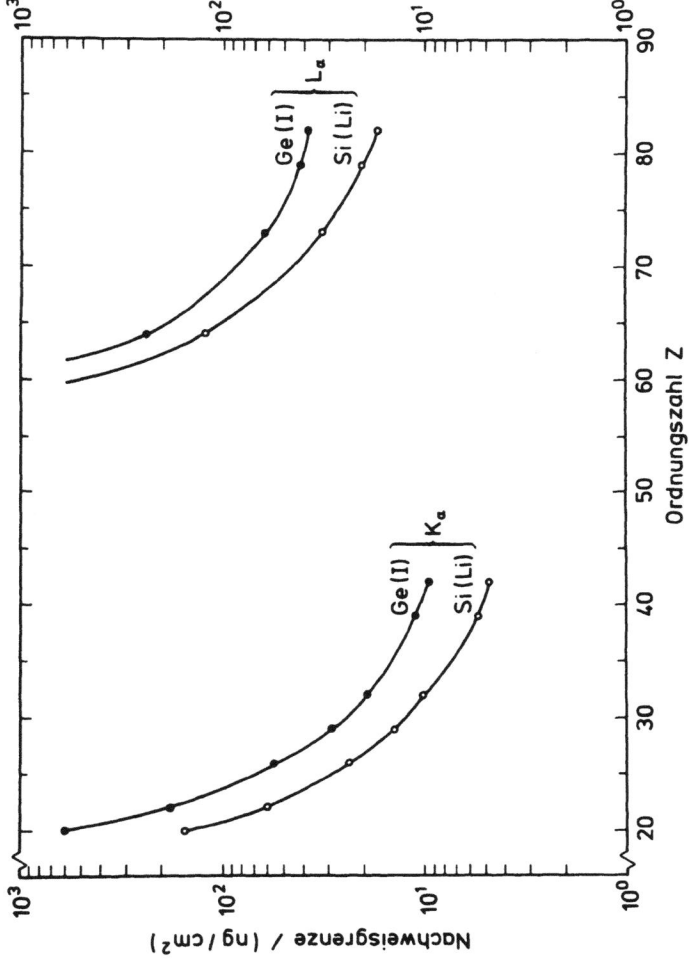

Abb. 6: Nachweisgrenzen der Elementanalyse durch die K_α- bzw. L_α-Strahlung für Ge(I) und Si(Li); bestimmt für eine 5,0 µm dicke Nuclepore-Folie bei einer Meßzeit von 10^5 s und einer Quellaktivität von 20 µC

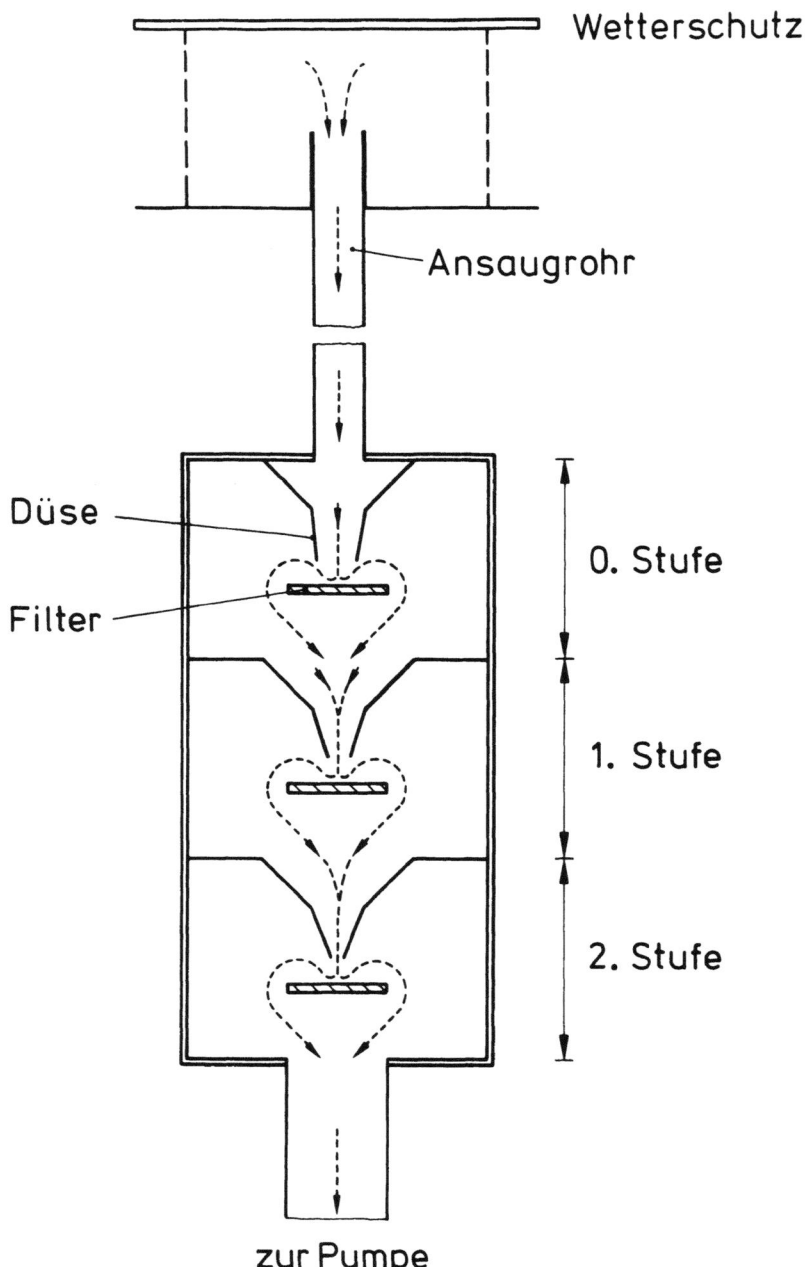

Abb. 7: Schematische Darstellung des Impaktors

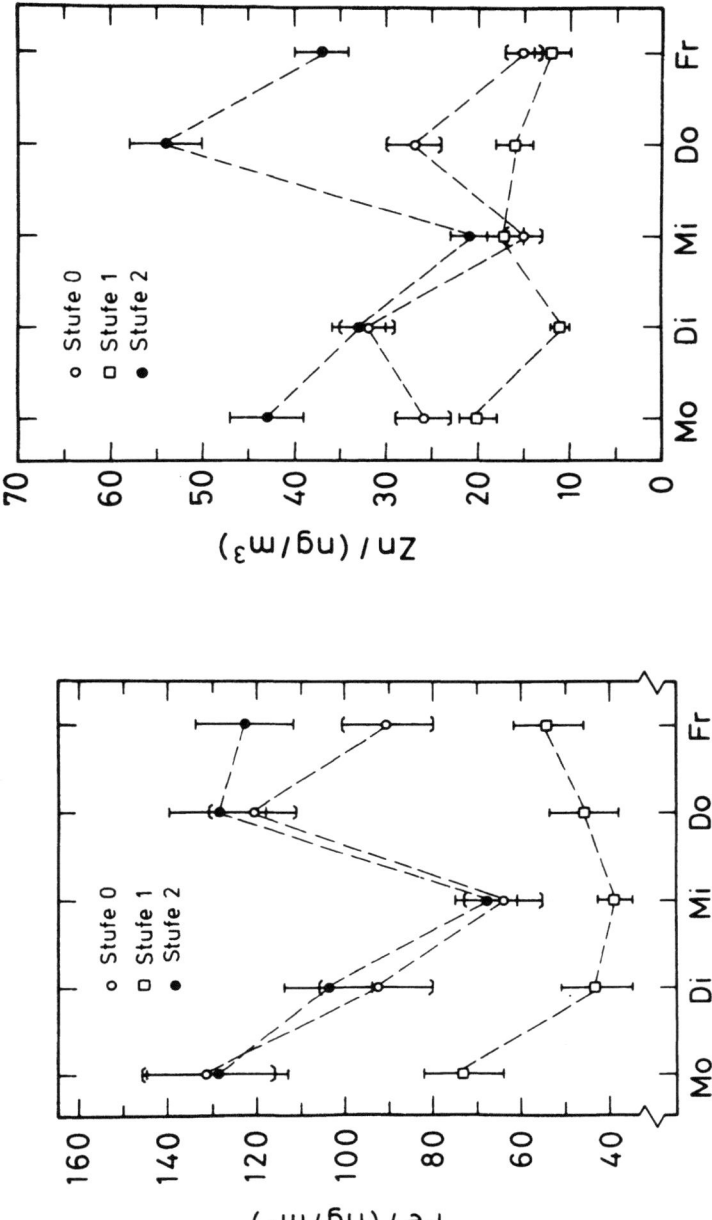

Abb. 8: Ablagerung der Spurenelemente Fe und Zn in den drei Impaktorstufen an fünf aufeinanderfolgenden Tagen

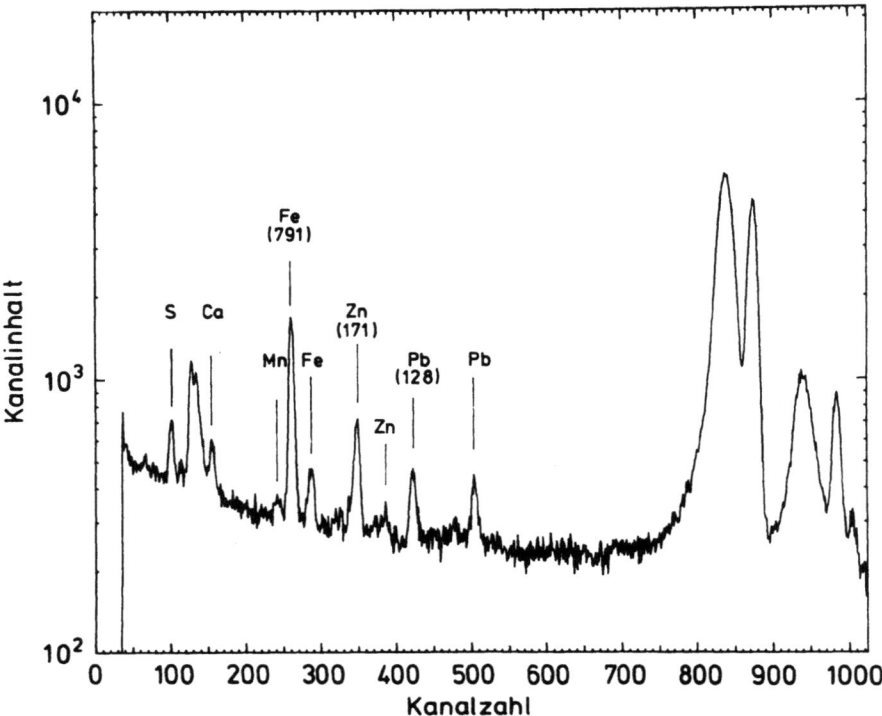

Abb. 9: Röntgenspektrum einer Durchflußfilterprobe bei einer Probennahmezeit von 8 Stunden und einer Meßzeit von $2 \cdot 10^4$ s; in Klammern: Elementkonzentrationen in ng/m^3

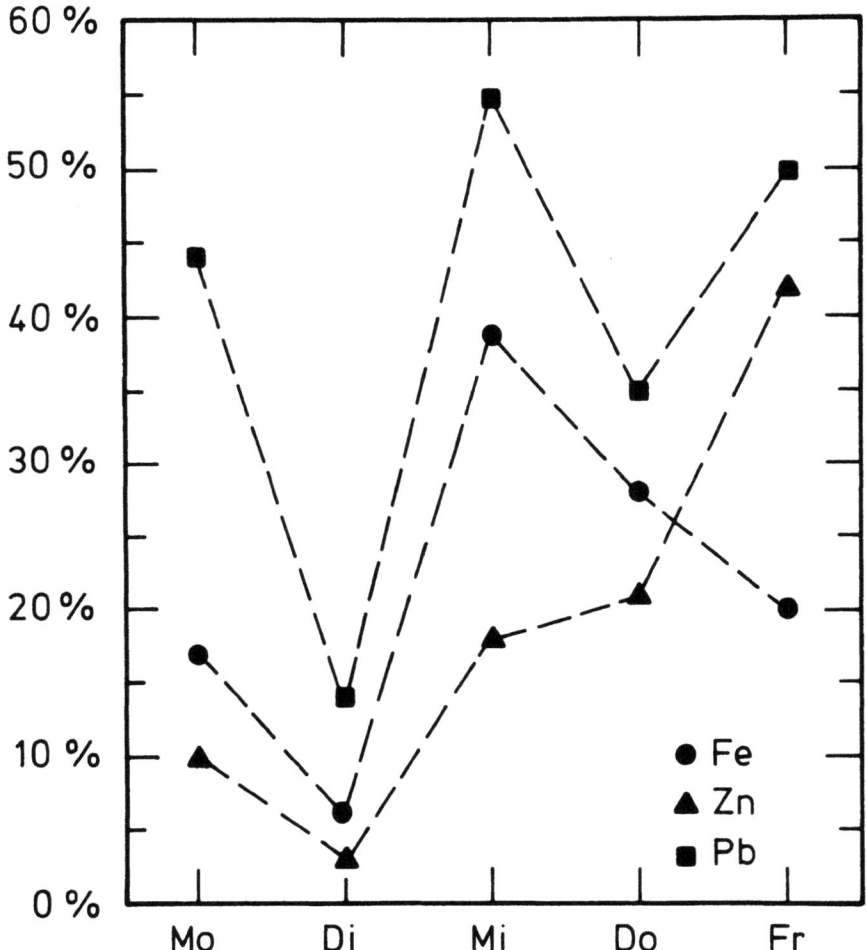

Abb. 10: Verhältnis der Elementkonzentrationen, die hinter den drei Impaktorstufen mit Hilfe eines Durchflußfilters ermittelt wurden, zu den in einem parallel laufenden Durchflußfilter bestimmten Elementkonzentrationen (≙100 %) an fünf aufeinanderfolgenden Tagen

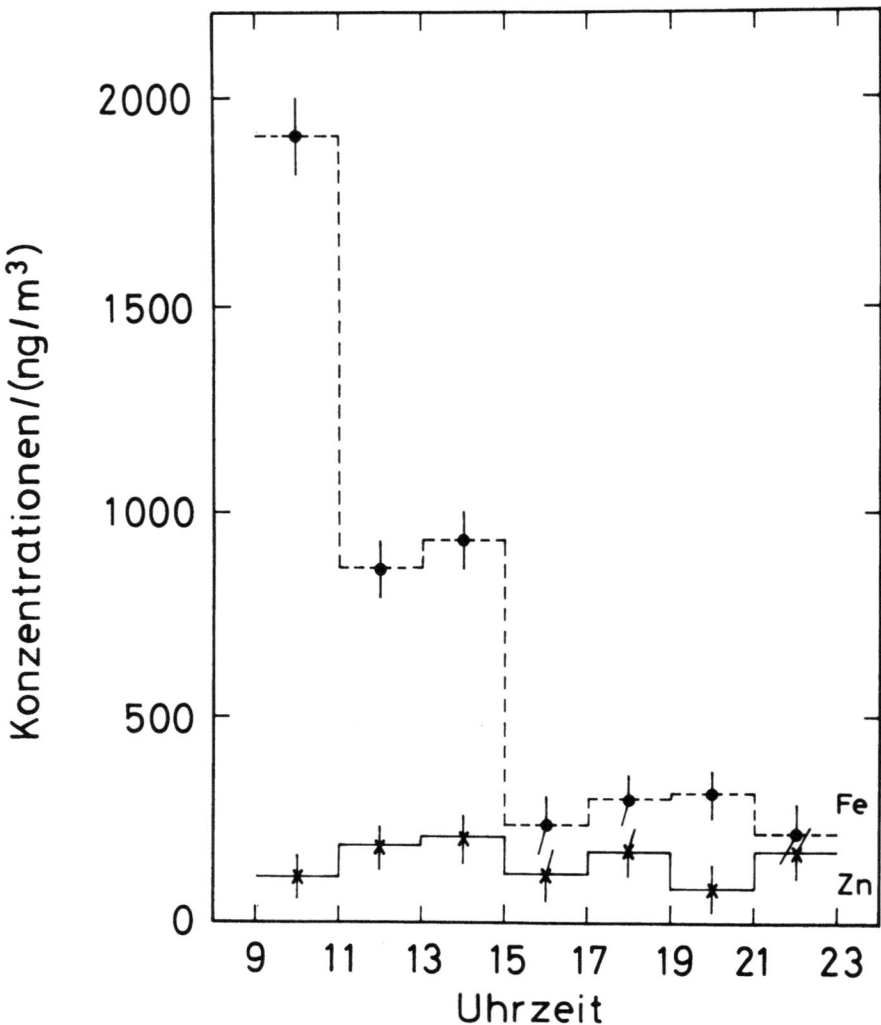

Abb. 11: Veränderung der Fe- und Zn-Konzentrationen in der Luft im Laufe eines Tages

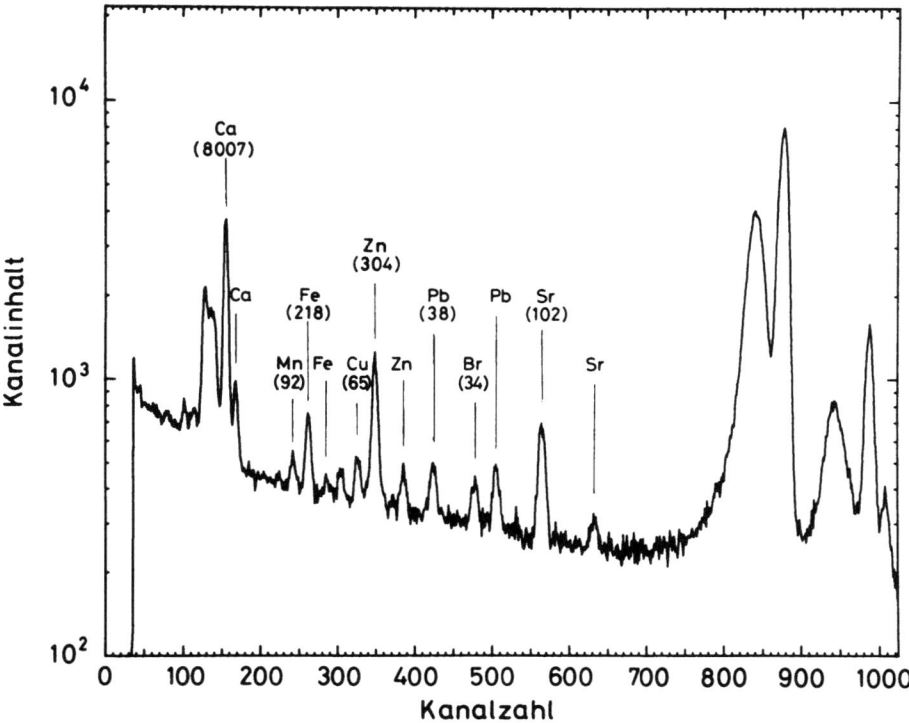

Abb. 12: Röntgenspektrum einer Ruhrwasserprobe von 600 µl und einer Meßzeit von $5 \cdot 10^4$ s; in Klammern: Elementkonzentrationen in µg/l

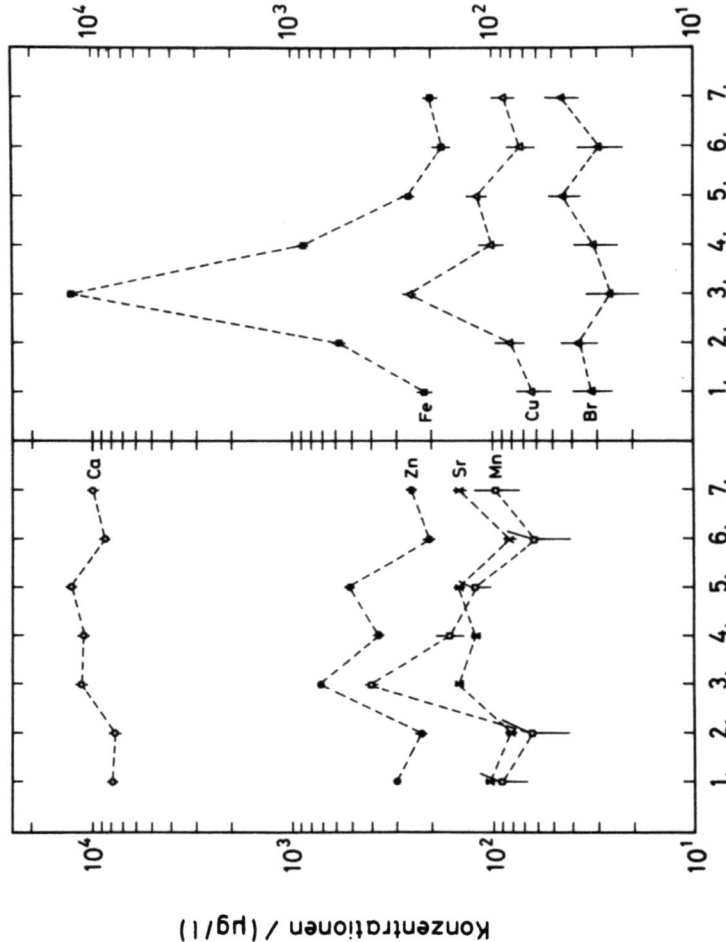

Abb. 13: Elementkonzentrationen im Ruhrwasser an sieben aufeinanderfolgenden Montagen

FORSCHUNGSBERICHTE
des Landes Nordrhein-Westfalen

*Herausgegeben
vom Minister für Wissenschaft und Forschung*

Die ,,Forschungsberichte des Landes Nordrhein-Westfalen'' sind in zwölf Fachgruppen gegliedert:

Geisteswissenschaften

Wirtschafts- und Sozialwissenschaften

Mathematik / Informatik

Physik / Chemie / Biologie

Medizin

Umwelt / Verkehr

Bau / Steine / Erden

Bergbau / Energie

Elektrotechnik / Optik

Maschinenbau / Verfahrenstechnik

Hüttenwesen / Werkstoffkunde

Textilforschung

SPRINGER FACHMEDIEN WIESBADEN GMBH

Die Anwendung der photoneninduzierten Röntgenfluoreszenzanalyse mit einer Radionuklidquelle ermöglicht den simultanen Nachweis aller Elemente mit $Z > 15$. Grundlagen, Nachweisgrenzen und die Anwendung auf Luft- und Wasserproben werden beschrieben.

MIX
Papier aus verantwortungsvollen Quellen
Paper from responsible sources
FSC® C105338

If you have any concerns about our products,
you can contact us on
ProductSafety@springernature.com

In case Publisher is established outside the EU,
the EU authorized representative is:
**Springer Nature Customer Service Center GmbH
Europaplatz 3, 69115 Heidelberg, Germany**

Printed by Libri Plureos GmbH
in Hamburg, Germany